LES SCIENCES ! C'EST PAS SORCIER

NEIL ARMSTRONG

DEUX COQS D'OR

Auteure : Aurélie Desfour
Illustrateur : Fabrice Mosca

Directrice : Sarah Kœgler-Jacquet
Directrice de projets : Sandra Berthe
Graphiste : Mylène Gache
Responsable éditoriale : Sylvie Michel,
assistée de Sabrina Haddadi
Fabrication : Morgane Lajeunesse

Suivi éditorial : Aurore Meyer
Mise en pages : Nicolas Galy pour NoOok
Lecture-correction : Agnès Scicluna

PAPIER À BASE DE FIBRES CERTIFIÉES

Deux Coqs d'Or s'engage pour l'environnement en réduisant l'empreinte carbone de ses livres. Celle de cet exemplaire est de :
200 g eq. CO_2
Rendez-vous sur www.deux-coqs-dor-durable.fr

Rejoins-nous sur le site deux-coqs-dor.fr

58, rue Jean Bleuzen – 92178 Vanves CEDEX.
Dépôt légal : mars 2022 – Édition 01.
Imprimé en Espagne par Macrolibros. Achevé d'imprimer en mars 2022.
Loi n° 49-956 du 16 juillet 1949 sur les publications destinées à la jeunesse.

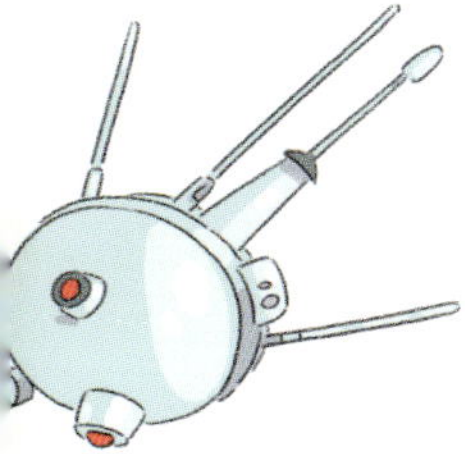

SOMMAIRE

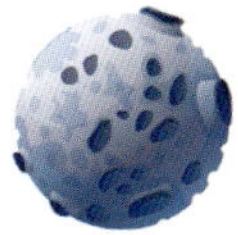

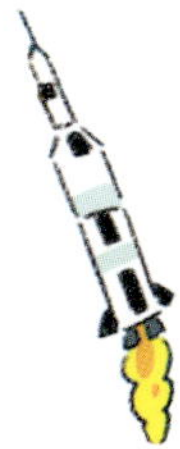

LES YEUX RIVÉS AU CIEL

Enfant, Neil Armstrong est fasciné par le ciel. Il ignore qu'un jour, il ira bien au-delà des nuages : dans l'espace ! À cette époque, le métier d'astronaute n'existe pas encore.

FICHE IDENTITÉ

NOM : ARMSTRONG

PRÉNOMS : NEIL ALDEN

NÉ LE : 5 AOÛT 1930

À : WAPAKONETA, OHIO (ÉTATS-UNIS)

MORT LE : 25 AOÛT 2012, À 82 ANS

À : CINCINNATI, OHIO (ÉTATS-UNIS)

MÉTIERS : PILOTE D'AVION POUR L'ARMÉE, TESTEUR D'AVIONS (PILOTE D'ESSAI), ASTRONAUTE ET PROFESSEUR DE SCIENCES

ORIGINES : ÉCOSSAIS PAR SON PÈRE, IRLANDAIS ET ALLEMAND PAR SA MÈRE

IL PARAÎT QUE...

À l'âge de 2 ans, le petit Neil assiste à ses premières courses aériennes. Quatre ans plus tard, son père lui offre son baptême de l'air à bord d'un *Ford Trimotor*, un avion pouvant transporter jusqu'à 11 personnes. Dès lors, sa passion pour l'aviation ne le quittera plus !

Le *Ford Trimotor* est un avion civil trimoteur.

UN PILOTE PRÉCOCE

À 8 ans, Neil Armstrong construit des maquettes d'avions et fait voler des modèles réduits. Et le jour de ses 16 ans, il obtient son brevet de pilote et peut enfin voler par lui-même ! Il n'a pas encore son permis de conduire ! Dès cette époque, le jeune homme fait aussi ses premières observations astronomiques à l'aide du télescope de son voisin : il s'intéresse déjà à l'espace.

UN HÉROS MILITAIRE

Issu d'une famille modeste, Neil Armstrong a bénéficié d'une aide financière pour étudier. En échange, après l'obtention de son diplôme, il doit effectuer 3 ans de service militaire. Il participe ainsi à la guerre de Corée au sein de l'US Navy, la marine de guerre des États-Unis. Depuis le porte-avions *USS Essex*, il effectue 78 missions. Très courageux, il sera décoré trois fois pour ses exploits !

DE PILOTE À ASTRONAUTE

Dans les airs, Neil Armstrong se sent pousser des ailes. Il vole de plus en plus haut, de plus en plus vite, et vise bientôt l'espace !

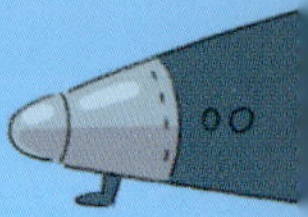

RETOUR À L'UNIVERSITÉ

Lorsque Neil termine son service militaire en 1952, il reprend ses études pour se perfectionner en sciences. Il obtient d'excellentes notes et rejoint la NACA, une agence américaine chargée de la recherche dans le domaine de l'aéronautique, qui est l'ancêtre de la NASA !

Petit lexique

L'AÉRONAUTIQUE est l'ensemble des sciences et techniques qui ont pour but de construire des avions.

UN INGÉNIEUR DEVENU PILOTE

Après avoir obtenu son diplôme d'ingénieur, Neil Armstrong travaille d'abord dans un bureau avant de tester des avions, en tant que pilote d'essai. Il participe à la mise au point des premiers avions propulsés par des moteurs de fusées. Ceux-ci volent à de très hautes altitudes à des vitesses jamais atteintes !

DES PROTOTYPES TOUJOURS PLUS RAPIDES

Neil pilote notamment le *Bell X1-B* et le *North American X15*. Survivant à de nombreux incidents en vol et au sol, il devient une légende.

INCROYABLE mais vrai !

À la fin de sa carrière de pilote d'essai, à 32 ans, Neil Armstrong totalise plus de 2 450 heures de vol sur plus de 200 appareils différents : des avions à réaction, des hélicoptères, et même des planeurs !

LA GUERRE FROIDE DANS L'ESPACE

Après la Seconde Guerre mondiale, les Américains et les Soviétiques se lancent dans une course à l'espace. Chacun veut montrer sa supériorité. Mais les Soviétiques ont pris de l'avance. Pour ne pas les laisser dominer l'espace, les Américains créent le 29 juillet 1958 la NASA (l'Administration nationale de l'aéronautique et de l'espace). Neil est sélectionné pour faire partie des premiers astronautes américains.

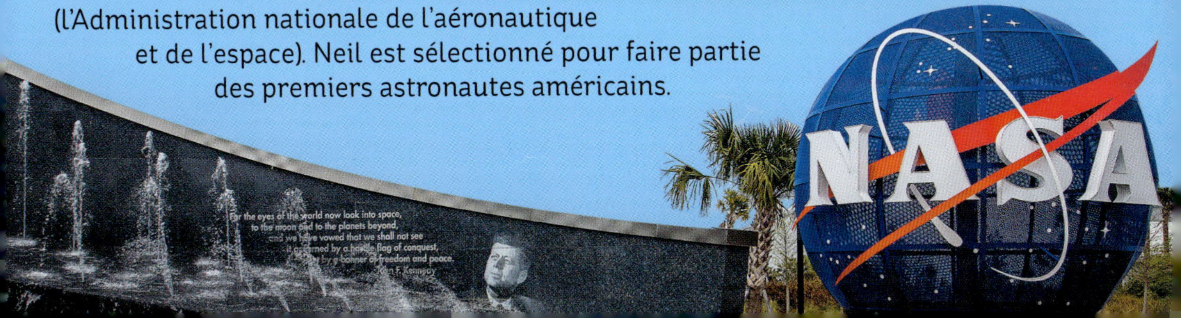

LES PREMIÈRES FUSÉES

Au lendemain de la Seconde Guerre mondiale, les avancées de la recherche dans le domaine aérospatial permettent le développement de l'exploration de l'Univers. Pourtant, les fusées ont été imaginées par l'homme il y a fort longtemps.

VRAI ? OU FAUX ?

Les premières fusées servaient à envoyer des animaux sur la Lune.

Faux. De petite taille, les premières fusées étaient des armes. Elles ont été inventées en Chine, au Moyen Âge.

Les premières fusées étaient fabriquées :

1. En pierre.
2. En carton.
3. En plastique.

2. En carton. Les premières fusées étaient en fait des tubes de papier ou de carton contenant de la poudre. On ne pouvait alors pas définir leur trajectoire avec précision, ce qui les rendait très dangereuses, même pour ceux qui les manipulaient.

En Chine, le mythe de Wan Hu raconte l'histoire d'un Chinois du XVIᵉ siècle qui a tenté d'atteindre la Lune. De quelle façon a-t-il voulu s'y rendre ?

1. À dos de dragon.
2. À l'aide d'une chaise sur laquelle avaient été fixées 47 fusées.
3. En se suspendant à un cerf-volant géant.

2. Selon la légende, en l'an 1500, Wan Hu serait mort en tentant de rejoindre la Lune assis sur une chaise équipée de 47 fusées.

VRAI ? OU ? FAUX

Les Américains sont les premiers à avoir conçu des fusées modernes.

Faux. Les Américains, de même que les Soviétiques ont été les premiers à aller dans l'espace, mais ils ont pu le faire en s'inspirant des travaux des scientifiques de l'Allemagne nazie pendant la Seconde Guerre mondiale. Les recherches de l'ingénieur Wernher Von Braun, inventeur des premiers missiles, les V2, ont été déterminantes. Propulsés par des fusées, ces missiles extrêmement rapides ont notamment été utilisés pour bombarder Londres en 1944. Ils avaient une portée de 350 kilomètres !

LA COURSE À L'ESPACE

L'année 1957 est choisie pour faire collaborer les scientifiques du monde entier. L'objectif est de mieux comprendre les relations entre la Terre et le Soleil. Les États-Unis et l'Union soviétique se lancent alors dans une course à l'espace.

Petit lexique

Un **SATELLITE** est un objet en orbite. Il peut être artificiel (créé par l'homme) ou naturel (comme la Lune).

LES SOVIÉTIQUES MARQUENT LE PREMIER POINT

Dès juillet 1955, Américains et Soviétiques annoncent qu'ils vont chacun lancer un satellite artificiel. En 1957, des ingénieurs soviétiques travaillent justement à la mise au point de missiles capables d'atteindre des cibles n'importe où sur Terre.
Leur responsable, Sergueï Korolev, convainc l'armée d'utiliser un de ces missiles pour envoyer un objet dans l'espace.
Grâce à lui, le 4 octobre 1957, *Spoutnik 1* est le premier objet volant à faire le tour de la Terre. À la surprise générale, les Soviétiques viennent de mettre en orbite le premier satellite artificiel.

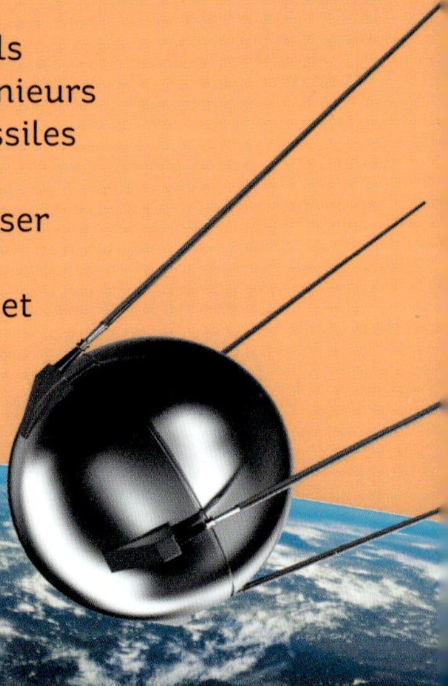

UNE SÉRIE D'EXPLOITS SOVIÉTIQUES

Le 3 novembre 1957,
la Russie envoie le premier être vivant dans l'espace, la chienne Laïka, à bord de *Spoutnik 2*.

Le 12 septembre 1959,
la sonde soviétique *Luna 2* est le premier engin construit par l'homme à atteindre la surface de la Lune.

Le 12 avril 1961,
les Soviétiques envoient le premier homme dans l'espace : Youri Gagarine.

LA LUNE, UN VIEUX RÊVE HUMAIN

Depuis la Préhistoire, l'homme observe le ciel et les étoiles. L'envie d'aller dans l'espace, et en particulier sur la Lune, est très ancienne. En 1865, Jules Verne publie *De la Terre à la Lune*. Diffusé dans le monde entier, ce roman raconte un voyage vers la Lune à bord d'un obus tiré par un canon géant. En 1953, Hergé envoie Tintin marcher sur la Lune. Au début des années 1960, le rêve est sur le point de devenir réalité.

Dans son discours du 25 mai 1961, le président américain John Fitzgerald Kennedy lance le programme Apollo, avec un objectif fou : marcher sur la Lune avant 1970. Il est temps pour les Américains de rattraper les Soviétiques !

NOTRE VOISINE LA LUNE

La Lune est le seul satellite naturel de la Terre, elle tourne autour de notre planète, et dans le même temps autour d'elle-même, en nous présentant donc toujours la même face.

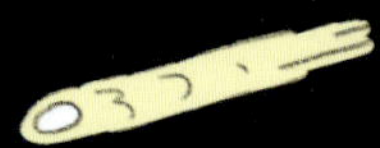

SI PROCHE ET SI DIFFÉRENTE...

Déserte et inhabitée, la Lune est l'astre le plus proche de la Terre. Si une route permettait de la rejoindre en voiture, il faudrait rouler quatre mois sans s'arrêter pour l'atteindre. Mais la vie y est impossible, car il n'y a pas d'air. Nous pouvons observer la Lune depuis la Terre grâce au Soleil qui l'éclaire. Pourtant, une partie n'est jamais dans la lumière : on l'appelle la « face cachée ». Comme elle est dans l'ombre, il y fait très froid, jusqu'à -233 °C. En revanche, sur la face exposée au Soleil, la température peut atteindre 123 °C.

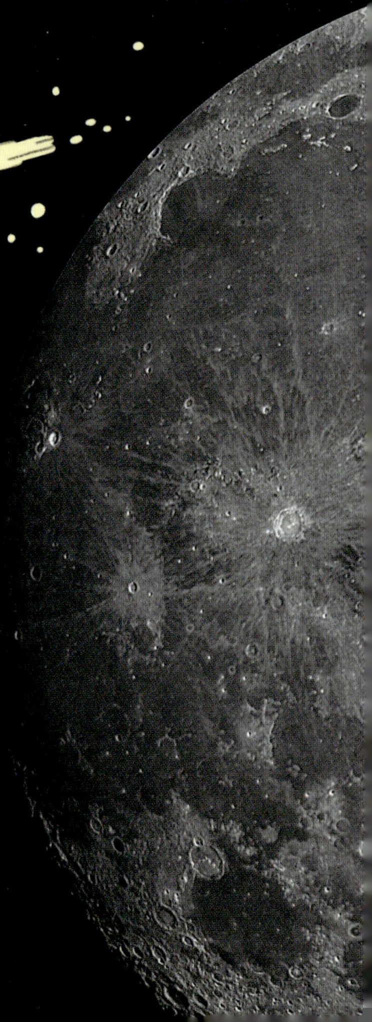

CHIFFRES-CLEFS

50. *C'est le nombre de lunes qui pourraient tenir à l'intérieur de la Terre.*

27. *C'est le nombre de jours que met la Lune pour faire le tour de la Terre, et pour faire le tour sur elle-même : 27 jours, 7 heures et 43 minutes.*

Petit lexique

Un **ASTRE** est un corps céleste dans l'espace. Il peut désigner une planète ou une étoile, par exemple.

PREMIERS PROGRAMMES DE LA NASA

Depuis le vol du satellite *Spoutnik 1*, les Soviétiques ont pris beaucoup d'avance C'est un coup dur pour les Américains, persuadés de leur supériorité technique

RATTRAPER LES SOVIÉTIQUES

Décidés à distancer les Soviétiques dans la course à l'espace, les Américains développent plusieurs programmes ambitieux pour apprendre rapidement les bases du vol spatial. Dès sa création en 1958, la NASA réunit les meilleurs spécialistes. Elle forme les scientifiques et les astronautes au décollage, à la mise en orbite, à l'arrimage de deux vaisseaux, et à l'atterrissage.

Petit lexique

L'ARRIMAGE consiste à accrocher ensemble, comme les wagons d'un train, deux vaisseaux spatiaux qui sont en orbite.

MERCURY

De 1958 à 1963, lors de six vols, le programme Mercury permet de placer des hommes en orbite autour de la Terre, afin d'étudier les effets de l'impesanteur.
De petite taille, la capsule spatiale Mercury pèse à peine le poids d'une voiture. Elle ne peut accueillir qu'un seul pilote, qui vole dos à sa trajectoire ! Les premiers ordinateurs permettent de calculer sa trajectoire en temps réel. Pour la suivre, la NASA installe des stations d'observation dans le monde entier.

GEMINI

Succédant à Mercury, le programme Gemini permet de maîtriser les sorties extravéhiculaires, c'est-à-dire les sorties des astronautes à l'extérieur de leur vaisseau, en combinaison spatiale.
Les astronautes y apprennent aussi à guider leur vaisseau en orbite.
Pendant la mission Gemini 8, Neil Armstrong est le premier à réussir, en mars 1966, l'arrimage d'un vaisseau spatial.
Cette opération complexe est décisive pour pouvoir envisager un vol vers la Lune…

UNE FUSÉE GÉANTE

Dans les années 1960, la NASA crée la plus grosse fusée jamais construite : *Saturn V*. Neil Armstrong ne le sait pas encore, mais celle-ci placera en orbite le vaisseau spatial qui le déposera un jour sur la Lune !

UNE NOUVELLE FUSÉE À CHAQUE VOL

Pour atteindre l'espace, il faut des moteurs très puissants. Mais ceux-ci consomment énormément de carburant. Les fusées disposent donc d'immenses réservoirs, qui sont répartis sur plusieurs étages. Lorsqu'un réservoir est vide, celui-ci est largué en plein vol afin d'alléger la fusée. Ainsi une fusée n'effectue qu'un seul vol.

CHIFFRES-CLEFS

110 m. *C'est la taille de la fusée Saturn V, aussi haute qu'une cathédrale.*

3. *Le nombre d'étages qui se détachent au cours du vol.*

11. *Le nombre de moteurs. Ils ne fonctionnent pas tous en même temps.*

❷ Le réacteur du deuxième étage s'allume alors en plein ciel, jusqu'au moment où tout son carburant est également consommé. Il passe ensuite le relais au troisième étage

❶ Au moment du décollage, les moteurs de l'étage inférieur sont allumés. Quand ses réserves de carburant sont vides, ce premier niveau se détache.

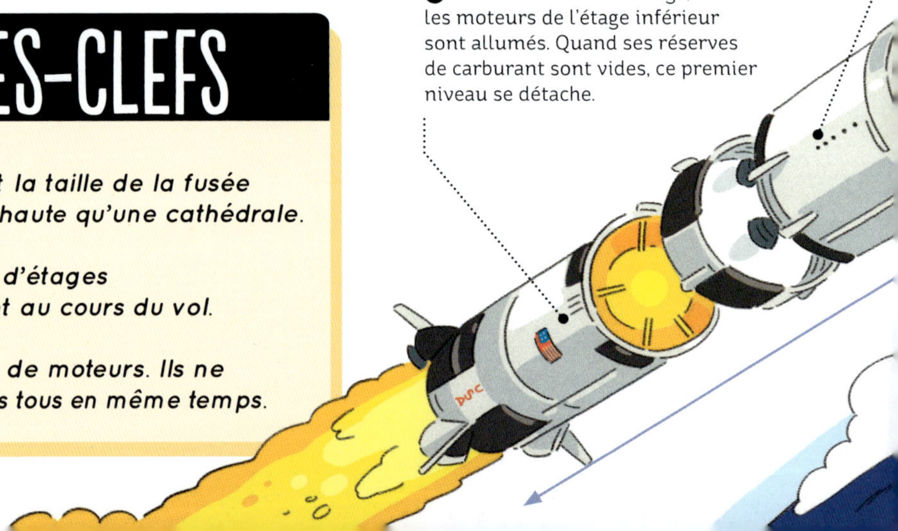

La tour de sauvetage est éjectée après les premières phases de vol, car elle n'est vraiment utile qu'au décollage en cas de problème.

❸ Enfin, lorsque le réservoir de carburant de ce dernier étage est vide, le minuscule vaisseau spatial se détache de la fusée puis se place en orbite,

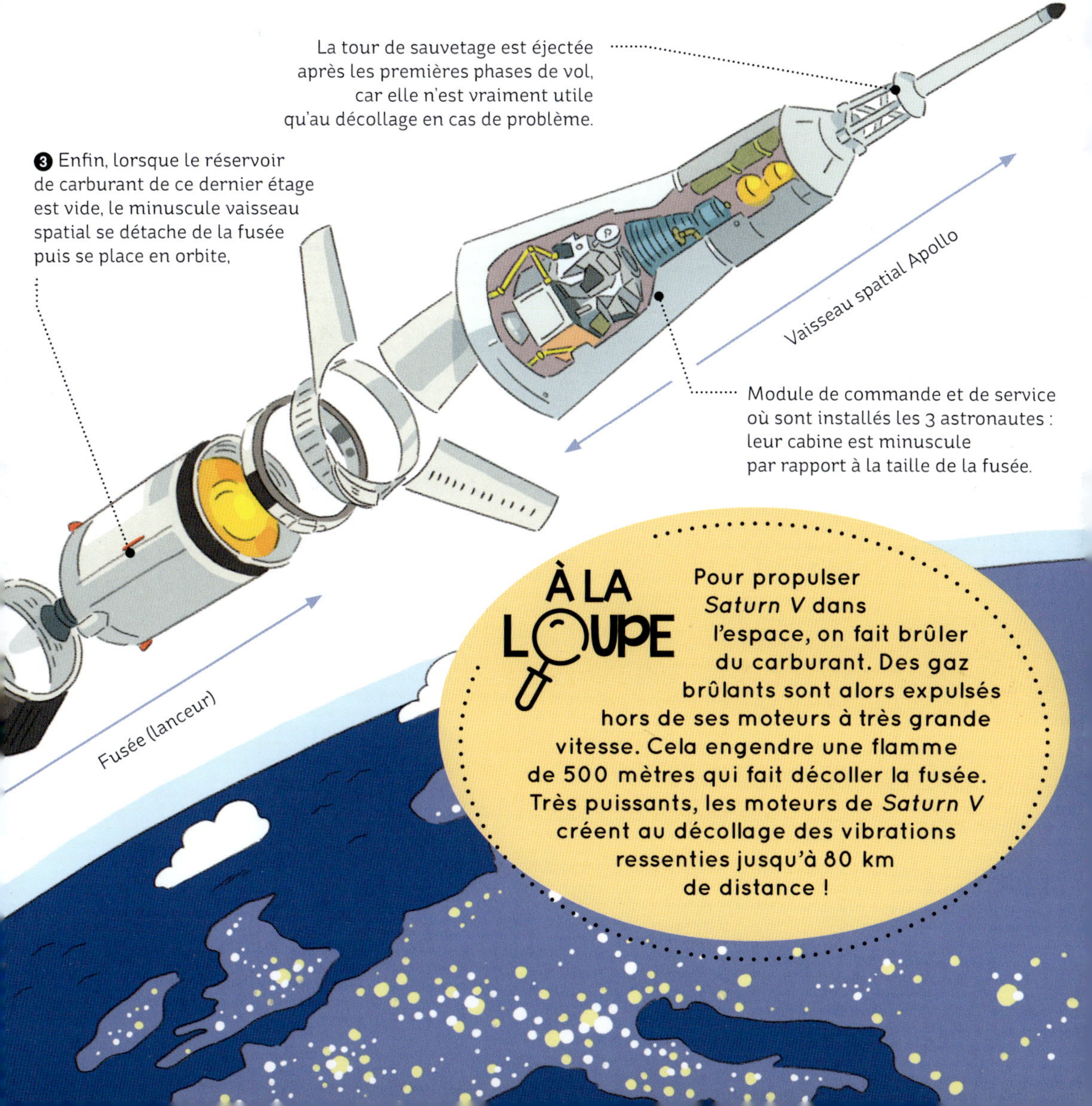

Module de commande et de service où sont installés les 3 astronautes : leur cabine est minuscule par rapport à la taille de la fusée.

À LA LOUPE

Pour propulser *Saturn V* dans l'espace, on fait brûler du carburant. Des gaz brûlants sont alors expulsés hors de ses moteurs à très grande vitesse. Cela engendre une flamme de 500 mètres qui fait décoller la fusée. Très puissants, les moteurs de *Saturn V* créent au décollage des vibrations ressenties jusqu'à 80 km de distance !

OBJECTIF LUNE !

Le président Kennedy veut absolument que les Américains soient les premiers à marcher sur la Lune. C'est l'objectif du programme Apollo. Mais tout ne va pas se dérouler comme prévu…

UN TERRIBLE ACCIDENT

Après des essais sans pilote, Apollo 1 devait être le premier vol du programme avec un équipage. Mais le 27 janvier 1967, un incendie dû à un problème électrique détruit le vaisseau et tue les trois astronautes, avant même de décoller, lors d'un entraînement. Il faut corriger les plans de la fusée pour éviter d'autres drames !

Extérieur d'*Apoll*
après l'incendie c
a tué Virgil Griss
Edward White
et Roger Chaffee.

DE NOMBREUX TESTS

Les missions Apollo 2 et 3 se poursuivent sans personne à bord. Apollo 4 teste la nouvelle fusée *Saturn V*. Apollo 5 met en orbite le module lunaire *Eagle* (le véhicule spatial qui doit alunir) pour vérifier son fonctionnement dans l'espace. Quant à la mission Apollo 6, elle rencontre quelques problèmes au décollage, mais remplit finalement son objectif. Cet ultime vol sans pilote permet à la NASA d'envisager un prochain vol avec des astronautes à bord.

Petit lexique

ALUNIR signifie se poser sur la surface de la Lune.

APOLLO 11

Sélectionné en 1967 pour participer à la mission Apollo 11, Neil Armstrong s'entraîne pendant plus de deux ans. Il simule l'apesanteur en piscine, répète les manœuvres des centaines de fois et se prépare à la survie dans le désert en cas d'atterrissage forcé lors du vol retour. Neil pilote aussi un véhicule d'entraînement à l'atterrissage lunaire. En mai 1968, une défaillance le force à s'éjecter avant le crash de son appareil. Il frôle la mort, mais il prouve une nouvelle fois qu'il sait garder son sang-froid dans toutes les situations.

Insigne de la mission Apollo 11, avec l'aigle comme symbole. Le mot anglais *Eagle*, du nom du module lunaire, signifie « aigle ».

ENTRAÎNEMENTS DANS L'ESPACE

De nouvelles missions sont prévues avec un équipage. En octobre 1968, la mission Apollo 7 envoie trois astronautes dans l'espace. Deux mois plus tard, des hommes quittent pour la première fois l'orbite terrestre et approchent la Lune lors de la mission Apollo 8. Enfin, lors des missions Apollo 9 et 10, les astronautes pilotent pour la première fois *Eagle*, le module lunaire, dans l'espace. C'est un succès : la NASA est enfin prête à envoyer des hommes sur la Lune, avec la mission Apollo 11 !

CAP SUR LA LUNE !

Le grand jour arrive enfin. L'équipage d'*Apollo 11* s'apprête, pour la première fois de l'histoire de l'humanité, à s'aventurer dans l'espace en quittant l'orbite terrestre.

LE LANCEMENT

Le 16 juillet 1969, à 8 h 32 (heure de Houston, où se trouve le centre de contrôle de la NASA), le lanceur *Saturn V* décolle du complexe de lancement de Cap Canaveral. Après une phase propulsée sans incident, il se place en orbite autour de la Terre durant quelques heures. *Apollo* quitte ensuite l'orbite terrestre. Trois jours plus tard, le vaisseau se place en orbite lunaire, puis *Eagle* se sépare du module de commande et entame sa descente vers la surface de la Lune.

INCROYABLE mais vrai !

Les ordinateurs de bord d'*Apollo 11* étaient moins puissants que les téléphones portables d'aujourd'hui !

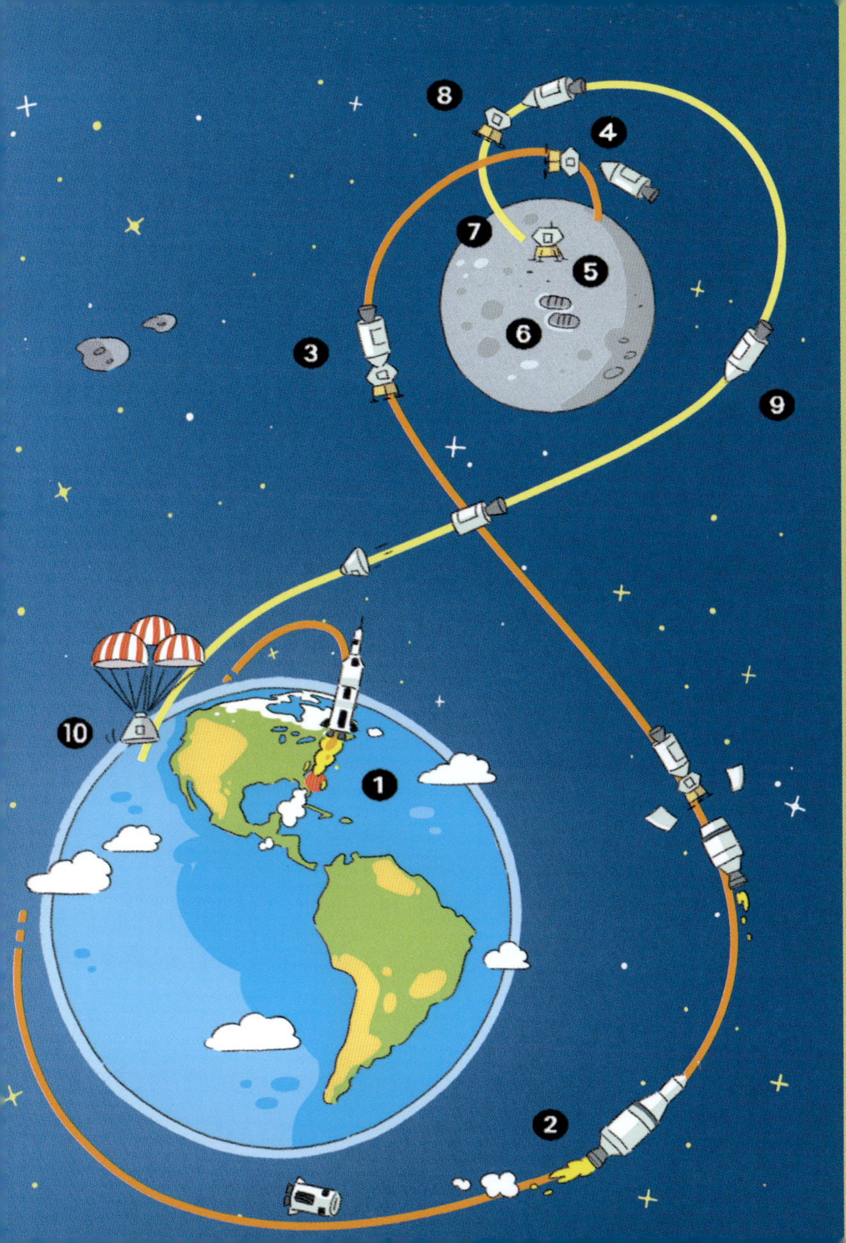

❶ Le 16 juillet à 8 h 32 : lancement de la fusée *Apollo 11*.

❷ Le 16 juillet à 11 h 16 : l'équipage quitte l'orbite terrestre et se dirige vers la Lune.

❸ Le 19 juillet à 12 h 21 : l'équipage atteint l'orbite lunaire.

❹ Le 20 juillet à 13 h 11 : le module lunaire (*Eagle*) se sépare du module de commande.

❺ Le 20 juillet à 15 h 17 : *Eagle* alunit.

❻ Le 20 juillet à 21 h 56 : premiers pas de l'homme sur la Lune.

❼ Le 21 juillet à 12 h 54 : *Eagle* quitte la Lune.

❽ Le 21 juillet à 16 h 34 : *Eagle* se raccroche au module de commande.

❾ Le 21 juillet à 23 h 54 : le vaisseau spatial au complet quitte l'orbite lunaire pour se rediriger vers la Terre.

❿ Le 24 juillet à 11 h 49 : la capsule *Apollo* déploie son parachute et se pose dans l'océan Pacifique.

« UN PETIT PAS POUR L'HOMME...

... un grand pas pour l'humanité. » Ce sont les mots prononcés par Neil Armstrong, le premier homme à marcher sur la Lune, le 20 juillet 1969.

FICHE IDENTITÉ

NOM : MISSION APOLLO 11

COMMANDANT DE LA MISSION : NEIL ARMSTRONG

PILOTE DU VAISSEAU SPATIAL APOLLO : MICHAEL COLLINS

PILOTE D'*EAGLE*, LE MODULE LUNAIRE : BUZZ ALDRIN

PRIVÉ DE LUNE

Pour se poser sur la Lune, Neil Armstrong et Buzz Aldrin embarquent tous les deux dans le module lunaire. Ils vont le détacher du vaisseau *Apollo*, piloté par Michael Collins. Celui-ci doit les attendre en orbite jusqu'à leur retour sur Terre.

PROMENADE LUNAIRE

Après avoir atterri sur la Mer de la Tranquillité, une plaine de roche volcanique, Neil Armstrong et Buzz Aldrin doivent procéder à de nombreuses vérifications techniques. Ce n'est qu'après six heures de préparation qu'ils peuvent enfin s'extraire du module lunaire. Sur la Lune, la pesanteur est six fois moins forte que sur Terre : on s'y sent donc six fois plus léger. Malgré leurs lourdes combinaisons, les astronautes peuvent faire des bonds de plusieurs mètres !

UN ÉVÉNEMENT MONDIAL

Découpée en épisodes comme une série, la mission lunaire est commentée pendant huit jours par les télévisions du monde entier. Pour vivre les premiers pas de Neil Armstrong sur la Lune, les Américains ont droit à un direct de 31 heures d'affilée. L'événement est si extraordinaire qu'il va susciter l'intérêt de toute la planète, même après le retour des astronautes sur Terre.

CHIFFRES-CLEFS

500 millions. *Le nombre de spectateurs qui ont suivi* Apollo 11 *à la télévision.*

3500. *Le nombre de journalistes autorisés à couvrir l'événement depuis les locaux de la NASA, à Houston.*

UNE JOURNÉE SUR LA LUNE

Comment s'est réellement passée la première mission sur la Lune ?

Le module *Eagle* est resté au total 21 heures et 36 minutes sur la Lune. Mais combien de temps Neil Armstrong et Buzz Aldrin ont-ils passé hors de leur vaisseau ?

1. 21 h 36 : ils ne voulaient pas rater une miette de leur voyage !

2. 15 secondes : ils avaient trop froid !

3. 2 h 30, en plusieurs sorties.

3. 2 heures et 30 minutes. Neil Armstrong et Buzz Aldrin recueillent 22 kilos de roches lunaires qui furent ensuite analysées sur Terre.

VRAI ? OU ? FAUX

Sur la Lune, c'est le vent qui fait flotter le drapeau américain.

Faux. Comme il n'y a pas d'air sur la Lune, le vent ne peut pas souffler à sa surface. Il a fallu tricher en plaçant une tige horizontale sur le drapeau pour donner l'impression qu'il flottait !

VRAI ? OU ? FAUX

Aller jusqu'à la Lune, c'est comme faire trois fois le tour de la Terre.

Faux. La Lune est plus éloignée. Il faudrait faire l'équivalent de près de 10 fois le tour de la Terre pour la rejoindre, soit 384 400 km !

***Eagle*, le module lunaire, a atterri sur la Mer de la Tranquillité. Mais y avait-il des vagues sur cette mer ?**

1. Oui, certaines étaient même aussi hautes qu'une maison.

2. Oui, mais elles étaient minuscules.

3. Non, car les mers lunaires ne contiennent pas du tout d'eau.

3. Les mers lunaires ne sont pas des mers ! Ce sont en réalité des taches de basalte, une roche volcanique. Elles portent ce nom, car au XVIIe siècle, un astronome les avait confondues avec de véritables mers et océans.

VRAI ? OU ? FAUX

Ce sont des journalistes qui ont pris des photos de Neil Armstrong et Buzz Aldrin sur la Lune et qui les ont filmés.

Faux. Buzz Aldrin et Neil Armstrong sont partis sur la Lune avec une petite caméra et un appareil photo !

LA VIE D'ASTRONAUTE

Avant de partir dans l'espace, les astronautes doivent beaucoup s'entraîner sur Terre.

UN LONG ENTRAÎNEMENT

Les premiers hommes envoyés dans l'espace sont des pilotes expérimentés. À bord de leurs avions, ils apprennent à supporter des accélérations très fortes. Une fois sélectionnés par la NASA, ils s'entraînent pendant des mois au sol en répétant les manœuvres à effectuer dans l'espace. Ils doivent aussi être très doués en mathématiques pour calculer leur trajectoire de tête !

UNE COMBINAISON SPÉCIALE

À l'intérieur du vaisseau, les astronautes respirent normalement. Mais dès qu'ils sortent dans l'espace, ils doivent porter des réservoirs d'oxygène dans le dos, comme des plongeurs sous-marins. Leur lourde combinaison leur permet aussi de se protéger du froid et des rayons mortels du Soleil. Enfin, à l'aide du micro et des écouteurs de leurs casques, ils peuvent communiquer par radio avec la Terre et leurs coéquipiers.

VIVRE DANS L'ESPACE

Le voyage vers la Lune dure plusieurs jours. Pour s'assurer que le vaisseau garde la bonne direction, Neil Armstrong et ses deux coéquipiers dorment à tour de rôle. Pour manger leurs rations, ils utilisent une paille et aspirent la nourriture enfermée dans un sachet ; l'apesanteur la ferait flotter dans leur cabine ! Enfin, comme il n'y a pas de médecin à bord, ils doivent être capables de se soigner eux-mêmes en cas de blessure ou de malaise.

À LA LOUPE

Au cours de leur voyage dans l'espace, les astronautes du vaisseau *Apollo* ne peuvent pas bouger. Ils dorment attachés à leurs sièges. Comme ils utilisent très peu leurs muscles, ils sont très fatigués lors de leur retour sur Terre et ont du mal à respirer et à marcher. Ces voyages spatiaux nécessitent une excellente forme physique !

UN HÉROS HORS-NORME

Une fois de retour sur Terre, Neil Armstrong voyage dans 23 pays pour raconter son exploit. Il ne repartira plus jamais dans l'espace.

UN PROFESSEUR EXCEPTIONNEL

Âgé de 40 ans à peine, Neil Armstrong devient professeur d'aéronautique, la science de la construction de nouveaux appareils volants. Il enseigne à l'Université de Cincinnati, dans l'État de l'Ohio, pendant huit années.

L'Université de Cincinnati, aujourd'hui.

INCROYABLE mais vrai !

En 1985, le chef d'expédition Mike Dunn organise un voyage à bord d'un petit avion. Il emmène au pôle Nord des hommes qu'il considère comme les plus grands explorateurs de leur temps. Parmi eux : Neil Armstrong. Arrivé à destination le 6 avril 1985, Armstrong explique qu'il avait très envie de voir à quoi ressemblait le pôle Nord de près, car il ne l'avait aperçu que depuis la Lune !

AU SERVICE DE LA NASA

En 1970, Neil Armstrong aide la NASA à mieux comprendre l'incident qui a empêché Apollo 13 d'atteindre la Lune. Mais il finit par quitter la NASA en 1971. Bien des années plus tard, en 1986, le président américain Ronald Reagan le charge d'enquêter sur l'explosion au décollage de la navette spatiale *Challenger*, qui coûte la vie à sept astronautes.

Fumée après la désintégration de *Challenger* à peine une minute et demie après son lancement.

UNE LÉGENDE

Fuyant la célébrité, Neil Armstrong termine sa vie paisiblement dans sa ferme de l'Ohio, où il cultive des céréales. Il meurt en 2012, alors âgé de 82 ans. Le président Barack Obama déclarera : « Neil figure parmi les plus grands héros américains, non seulement de son époque, mais de tous les temps. »

Le sais-tu ?

Un cratère de la Lune et plusieurs sites portent désormais le nom de Neil Armstrong, comme le musée de l'Air et de l'Espace inauguré en 1972 à Wapakoneta, sa ville natale. Sa carrière exceptionnelle continue d'inspirer encore aujourd'hui les astronautes du monde entier.

LE GRAND QUIZ

Neil Armstrong n'a plus de secret pour toi ? Voyons voir...

QUESTION A

Lorsqu'il est enfant, Neil Armstrong a une passion. Laquelle ?

1. La natation
2. L'aviation
3. L'escalade

QUESTION B

Les États-Unis se lancent dans une course à l'espace face à :

1. L'Union soviétique.
2. La Chine.
3. La France.

QUESTION C

Le premier être vivant envoyé dans l'espace fut :

1. Un crapaud.
2. Un dauphin.
3. Un chien.

QUESTION D

Si nous pouvons observer la Lune depuis la Terre, c'est parce qu'elle est éclairée par :

1. La planète Mars.
2. Le Soleil.
3. Les étoiles.

QUESTION E

La fusée qui a placé le vaisseau spatial *Apollo* en orbite se nomme :

1. *Saturn V.*
2. *Pluton IV.*
3. *Jupiter II.*

QUESTION F

Quel président des États-Unis a voulu que les Américains soient les premiers à marcher sur la Lune ?

1. Barack Obama
2. John Fitzgerald Kennedy
3. George Washington

QUESTION G

Combien de temps Neil Armstrong s'est-il entraîné avant d'aller sur la Lune ?

1. Un mois
2. Cinq mois
3. Plus de deux ans

QUESTION H

Sur la Lune, on...

1. A le même poids que sur la Terre.
2. Est six fois plus léger que sur la Terre.
3. Est deux fois plus lourd que sur la Terre.

QUESTION I

Combien de temps dure le voyage pour atteindre la Lune ?

1. Trois jours
2. Trois semaines
3. Trois mois

QUESTION J

Quelle fut la destination de l'autre grande expédition entreprise par Neil Armstrong ?

1. Le pôle Nord.
2. La planète Mars.
3. L'Himalaya.

Réponses : A2, B1, C3, D2, E1, F2, G3, H2, I1, J1.

1865

Jules Verne publie *De la Terre à la Lune*.

5 août 1930

Naissance de Neil Armstrong.

1946

Neil obtient son brevet de pilote.

1950

Il effectue son service militaire dans la marine de guerre des États-Unis.

1955

Neil Armstrong rejoint la NACA, l'ancêtre de la NASA.

Début de la course à l'espace.

4 octobre 1957

Mise en orbite du satellite soviétique *Spoutnik 1*.

3 novembre 1957

La chienne Laïka est le premier être vivant envoyé dans l'espace.

29 juillet 1958

Création de la NASA.

National Aeronautics and Space Administration U.S.A.

12 septembre 1959

La sonde soviétique *Luna 2* atteint la surface de la Lune.

12 avril 1961

Youri Gagarine est le premier homme à voyager dans l'espace.

1966

Pendant la mission Gemini 8, Neil Armstrong réussit l'arrimage d'un vaisseau spatial.

Octobre 1968

La mission Apollo 7 envoie trois astronautes américains dans l'espace.

20 juillet 1969

Neil Armstrong marche sur la Lune.

25 août 2012

Mort de Neil Armstrong.